DESCUBRE LA NATURALEZA CON montessori

Cuentos y actividades sobre las PLANTAS

Klara Moncho
Ilustraciones de Paula Bugueño

Altea

Papel certificado por el Forest Stewardship Council®

MIXTO
Papel procedente de fuentes responsables
FSC® C117695

Primera edición: enero 2020

Maquetación y diseño: Multiactiva Servicios Editoriales, S. L.

Printed in Spain - Impreso en España

ISBN: 978-84-488-5406-5
Depósito legal: B-22.329-2019

Impreso en Gráficas 94, S.L.
Sant Quirze del Vallès (Barcelona)

BE 5406A

Penguin
Random House
Grupo Editorial

INTRODUCCIÓN PEDAGÓGICA

Descubre la naturaleza con Montessori es una colección de libros enfocados en el área de biología e inspirados en el Método Montessori. Este método fue creado por María Montessori y en él reside, ante todo, el respeto por el niño que es protagonista de su propio aprendizaje.

En el método Montessori se le da una visión cósmica al niño en la que cada elemento que conforma el Universo tiene una finalidad desde el primer momento de su existencia. La botánica y la zoología forman parte de esta educación cósmica que permite a los niños valorar cada elemento de la naturaleza, aprendiendo a respetarlo por pequeño que sea, y ayudando a mantener el equilibrio natural en el mundo.

En cada uno de los libros de la colección se incluye un cuento basado en la vida cotidiana, actividades manipulativas con recortables, y actividades con experimentos para realizar por el propio niño.

Los **cuentos** son una invitación para salir a explorar la naturaleza y descubrir las diferentes relaciones que existen entre todos los seres que se pueden observar. Empezando desde las características más básicas de los animales y las plantas, estas historias pretenden plantar la semillita de la curiosidad en los niños para que sigan investigando sobre el mundo que les rodea.

Las **actividades manipulativas** se realizan con la ayuda de los recortables que vienen incluidos al final del libro. Entre ellas se pueden encontrar:

- **Tarjetas tres partes.** Con ellas el niño adquiere nuevo vocabulario relacionado con las plantas. Además favorecen el lenguaje y animan al niño a descubrir la función de cada una de las partes.
- **Tarjetas para clasificar.** Con la clasificación se satisface la tendencia del orden en los niños y se favorece la lógica.
- **Ciclos de vida.** Con los que descubrirán cómo se transforman las plantas desde que nacen hasta que mueren, y animarán al niño a preguntarse el porqué de estas fases.
- **Puzles para montar.** Los puzles basados en las partes de las plantas favorecen la adquisición del lenguaje, y animan a observar estas partes en plantas reales, así como a preguntarse la función de las mismas.

Las **Actividades con experimentos** son la llave para una exploración más profunda y vivencial que les permite absorber las experiencias vividas.

Al final de este libro podrás encontrar un código QR con contenido imprimible extra para incitar a los niños a realizar un cuaderno de campo en el que aprenderán a registrar sus propias observaciones realizadas en la naturaleza.

Alma y Joan están en un vivero. Quieren regalarle a su abuela unas plantas por su cumpleaños.
Los abuelos tienen un precioso jardín donde los dos hermanos juegan y donde, además, les ayudan a cultivar algunas frutas y verduras, por lo que han pensado que unas plantas les harían mucha ilusión.

Están emocionados de ver tantas flores variadas. Algunas tienen el tallo muy largo, otras tienen hojas con formas muy diferentes, pero todas huelen maravillosamente bien. Al final, se deciden por una planta de margaritas y un rosal.

En casa, hacen unas macetas de barro para las plantas de la abuela que están quedando preciosas, así que se sienten muy orgullosos. Joan pinta su maceta de muchos colores, pero Alma prefiere dejarla con su color natural y decorarla con dibujos de hojas.

Los abuelos han preparado una comida muy especial para celebrar todos juntos el cumpleaños. Joan y Alma han cocinado con mamá una tarta de postre con las zanahorias que recogieron el otro día en el huerto.

Cuando llegan a casa de los abuelos, los niños corren a felicitar a su abuela, y ella les explica que cada año que cumplimos es una vuelta completa que el planeta Tierra da al Sol.

Joan y Alma se ponen a pensar cuántas vueltas habrán dado ellos al sol. La abuela propone dibujar en el suelo un sol de tiza y dar una vuelta completa por cada año que tienen. Como nacieron juntos, se dan la mano y dan cinco vueltas al sol. Piden a la abuela que dé sus 74 vueltas, pero mamá les llama para que le traigan sus regalos.

Muy ilusionados, le dan a la abuela las plantas con las macetas hechas por ellos mismos. Buscan juntos el mejor lugar del jardín donde puedan tener todo lo que necesitan para vivir.

Ha llegado la hora de comer, Joan huele la comida que llega desde la cocina y se le abre el apetito.
El abuelo ha preparado un guiso de coliflor muy saludable.

Alma y Joan se han extrañado de haber comido el guiso de una flor. Después de comer, salen al jardín con papá y el abuelo a recolectar más flores comestibles. Recogen en una cesta alcachofas y brócolis.

El abuelo invita a los niños a plantar unas semillas de cebollino, que es también una flor comestible. Hacen un agujero en la tierra, colocan las semillas dentro, las tapan y las riegan. Ahora tendrán que esperar a que salga la planta y crezcan sus flores antes de probarlas en una ensalada.

CICLO DE VIDA DE LA PLANTA

Alma y Joan han plantado una nueva planta de la que crecerá una flor comestible, pero para ello tendrán que ser pacientes y esperar un tiempo.

Recorta las cartas de secuencias con el ciclo de vida de una planta que podrás encontrar al final del cuaderno (3). Ordena las cartas desde que plantamos su semilla hasta que crecen sus flores.

Planta tu propia semilla

La mejor forma de observar el ciclo de vida de una planta es poder verlo en directo. Hacer crecer la semilla es muy fácil.

Necesitamos:

- Semilla de garrofón, de alubia blanca, de garbanzo, etc.
- Recipiente transparente de vidrio o plástico.
- Papel absorbente.
- Agua.

Instrucciones:

- Coloca papel absorbente humedecido en agua en un recipiente transparente.
- Coloca la semilla entre el papel y la pared del recipiente.
- Déjala crecer durante unos días manteniendo siempre el papel húmedo.
- En este proceso podrás ver todas las fases desde la germinación de la semilla hasta cómo se convierte en plántula y llega a ser una bonita planta.

¡YA TIENES TU PLANTA! OBSERVA SUS PARTES

Si la semilla ha germinado correctamente, ya tienes tu planta. Con ayuda del siguiente diagrama identifica en ella las siguientes partes. Este es el momento de pasar tu planta a la tierra para que siga creciendo. Para ello, llena una maceta con tierra, haz un agujero donde quepan sus raíces y ve rellenando poco a poco todos los huecos con tierra. Riégala al terminar.

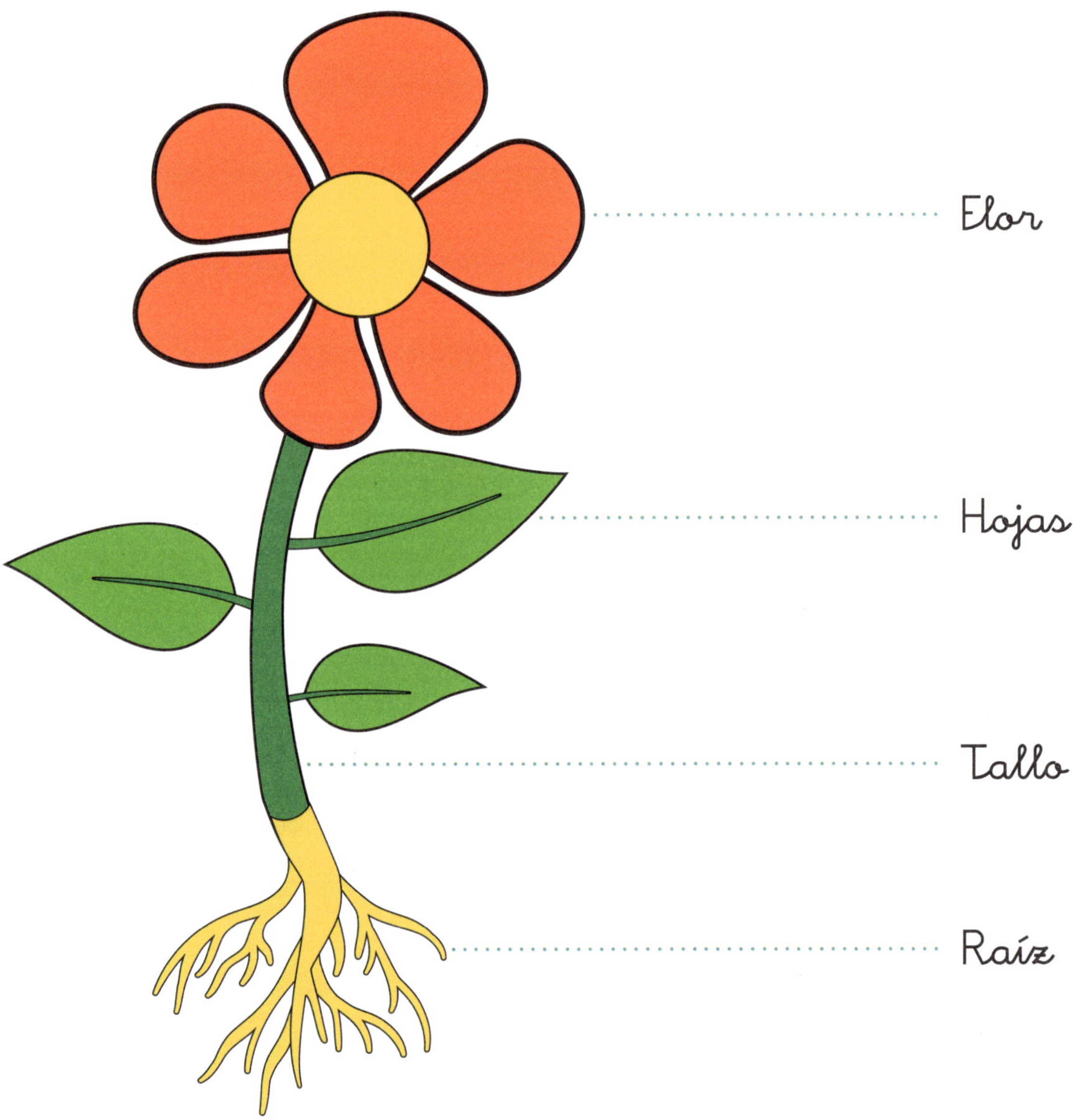

Recorta las tarjetas de las partes de la planta que encontrarás en la solapa del cuaderno (2).

Instrucciones para jugar con las tarjetas:

Situamos sobre el tapete las cartas que solo contienen la imagen de las partes.

Leemos las etiquetas y las emparejamos una a una con su imagen.

Comprobamos con las cartas que contienen imagen y nombre si lo hemos hecho bien para autocorregirnos.

¿QUÉ PARTES DE LAS PLANTAS COMEMOS?

Alma y Joan están muy sorprendidos de que podamos comer las flores de las plantas. Pero también se pueden comer otras partes, como las raíces, el tallo, las hojas, las semillas y los frutos.

Recorta las cartas que podrás encontrar al final del cuaderno (5) y clasifícalas en columnas, como muestra la ilustración.

¿Qué hace cada parte de la planta?

Ya has podido ver todas las partes de la planta, pero ¿qué función tiene cada una de ellas? Podemos descubrirlo con algunos experimentos para que saques tus propias conclusiones.

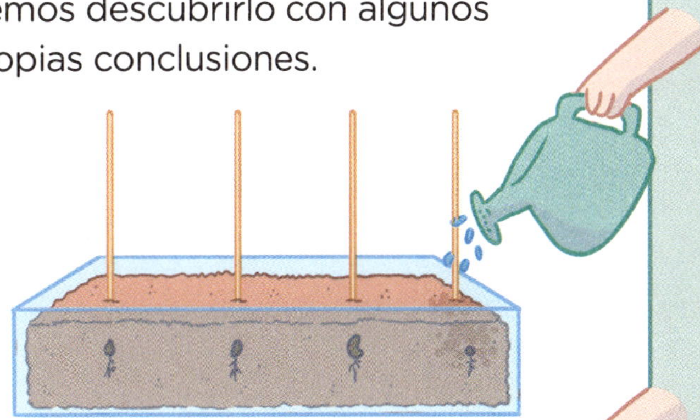

Cómo la raíz busca el agua

Necesitamos:

- Recipiente de vidrio rectangular.
- Tierra.
- Palillos.
- 4 semillas de alubia blanca, haba, garbanzo... (todas del mismo tipo).
- Agua.

Instrucciones:

- Colocamos la tierra en el recipiente. En uno de los extremos cortos hacemos cuatro pequeños agujeros en línea y plantamos las semillas.
- Al lado de donde están las semillas colocamos un palillo para saber en qué punto se encuentran.
- Regamos solo donde están las semillas, por encima de los palillos.
- Mantendremos húmeda la tierra regando solamente encima de los palillos. Cuando hayan brotado, desplazaremos los palillos y seguiremos regando solo los palillos.
- Iremos desplazándolos hacia el otro extremo, cada dos o tres días, hasta llegar al final del recipiente.
- Observa por debajo del recipiente qué ha pasado con las raíces. ¿Han crecido hacia abajo o se han desplazado hacia algún sitio?

El tallo, transportador de agua

Necesitamos:

- Unas ramas gruesas de apio con hojas.
- Un vaso de agua.
- Colorantes alimentarios.

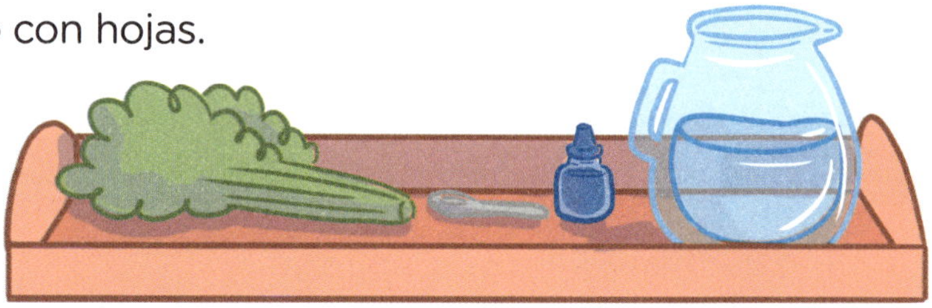

Instrucciones:

- Coloca unas gotas de colorante en el agua.
- Corta un poco de la parte de abajo del tallo del apio.
- Sumerge el apio en el agua y observa qué ocurre durante las siguientes 24/48 horas.

Podremos observar cómo el tallo va transportando el agua a través de él hasta llegar a las hojas, que se han teñido del mismo color que el agua. Si realizamos un corte en el tallo, veremos los conductos por los que se transporta el agua.

Las hojas transpiran y producen humedad

Necesitamos:

- Una planta pequeña, pero con hojas de buen tamaño.
- Una bolsa de plástico transparente.
- Una cinta elástica.
- Una cuchara o vasito pequeño.

Instrucciones:

- Regamos la planta generosamente.
- Con la bolsa, envolvemos toda la planta hasta la maceta.
- Fijamos la bolsa con la cinta elástica.
- Situamos la planta al sol y la dejamos durante unas horas.
- Observamos que la bolsa de plástico se encuentra mojada.
- Vertemos el agua sobre la cuchara o vasito para poder apreciar la cantidad de agua que se ha formado a través de las hojas.

Disección de una flor

Necesitamos:

- Flor, tijeras, pinzas y lupa.

Instrucciones:

- Sal a la naturaleza para conseguir una flor. Intenta que sea una que esté ya en el suelo. No necesitamos que sea una flor preciosa y nos sirven las que ya se han marchitado un poco. Si no encuentras ninguna y vas a cortarla, recuerda hacerlo con unas tijeras y con mucho cuidado para no dañar la planta.
- Cuando ya tengas tu flor, recorta con mucho cuidado cada una de sus partes por separado.
- Puedes utilizar las tijeras y las pinzas para aquellas partes más delicadas.
- Con ayuda del diagrama del puzle de la flor de la página siguiente, clasifica los pétalos juntos, los estambres... Después, etiqueta cada parte con las etiquetas que encontrarás al final del cuaderno (4).

EL PUZLE DE LA FLOR

Recorta las piezas del puzle de las partes de la flor que encontrás en la solapa del cuaderno (1).

Pega las piezas sobre cartón reciclado (te servirá perfectamente el de las cajas de cereales).

Una vez sobre el cartón, pega algo en ellas que te pueda servir para cogerlas bien, como una cuenta de madera de las que sirven para hacer pulseras, un pequeño pomo de madera o incluso uno hecho con plastilina.

HAZ TU PROPIO CUADERNO DE CAMPO DE PLANTAS

Salir a la naturaleza es una oportunidad fantástica para observar el mundo que nos rodea, pero será una experiencia mucho más enriquecedora si podemos ir anotando en un cuaderno todo lo que observamos.

1

Haz una portada creando un título y un dibujo sobre algo que te haya encantado en alguno de tus paseos.

2

En la segunda hoja, escribe una presentación contando tu nombre, edad y qué es lo que quieres observar en la Naturaleza.

3

Recuerda poner en cada hoja de observación la fecha, estación, clima, hora y lugar de observación.

4

Describe lo que vas a observar y haz un dibujo o pega una foto de lo observado, así como las emociones que te ha hecho sentir.

5

También puedes recoger algunas muestras para prensarlas y pegarlas en tu cuaderno.

Puedes preparar tu cuaderno de campo descargando la plantilla imprimible que encontrarás en el siguiente **código QR.**

(3) Tarjetas para recortar de la secuencia del ciclo de vida de una planta de la actividad de la página 14.

Plántula

Semilla

Planta

Germinación

1

3

2

4

(4) Etiquetas recortables para la disección de una flor y para el puzle de la flor de las actividades de las páginas 22 y 23.

Estambres	Pistilo
Sépalos	Cáliz
Tallo	Corola

(5) Tarjetas para recortar para la clasificación de las partes comestibles de la planta de la actividad de la página 18.

Raíces

Tallo

Hojas

Semillas

Flor

Fruto

(5) Tarjetas para recortar de ejemplos de las partes comestibles de las plantas de la actividad de la página 18.

Lechuga

Acelga

Espárragos

Zanahoria

Rábano

Pipas de Girasol

Brócoli

Coliflor

Apio

Melocotón

Guisantes

Manzana

PLANTILLA PARA EL PUZLE DE LAS PARTES DE LA FLOR Y SUS ETIQUETAS